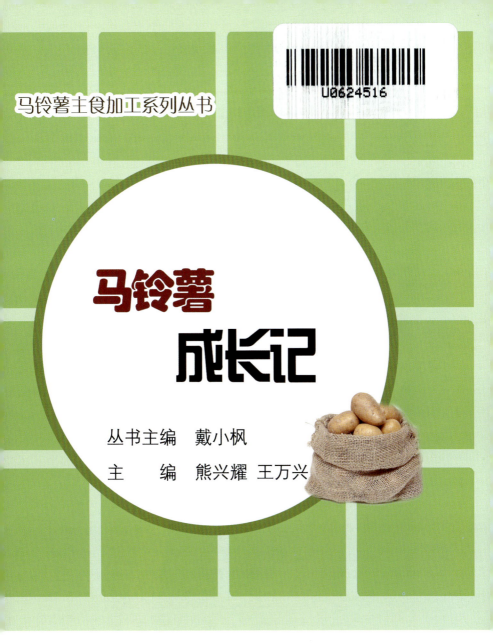

马铃薯主食加工系列丛书

# 马铃薯成长记

丛书主编　戴小枫

主　　编　熊兴耀　王万兴

中国农业出版社

**图书在版编目（CIP）数据**

马铃薯成长记／熊兴耀，王万兴主编.—北京：中国农业出版社，2016.9
（马铃薯主食加工系列丛书／戴小枫主编）
ISBN 978 - 7 - 109 - 22122 - 2

Ⅰ.①马… Ⅱ.①熊… ②王… Ⅲ.①马铃薯-普及读物 Ⅳ.①S532 - 49

中国版本图书馆 CIP 数据核字（2016）第 217920 号

中国农业出版社出版
（北京市朝阳区麦子店街 18 号楼）
（邮政编码 100125）
责任编辑 张丽四

中国农业出版社印刷厂印刷 新华书店北京发行所发行
2016 年 9 月第 1 版 2016 年 9 月北京第 1 次印刷

开本：880mm×1230mm 1/32 印张：1.25
字数：30 千字 印数：1～50 000 册
定价：10.00 元
（凡本版图书出现印刷、装订错误，请向出版社发行部调换）

# 丛书编写委员会

主　　任：戴小枫

委　　员（按照姓名笔画排序）：

王万兴　木泰华　尹红力　毕红霞　刘兴丽

孙红男　李月明　李鹏高　何海龙　张　泓

张　荣　张　雪　张　辉　胡宏海　徐　芬

徐兴阳　黄艳杰　谌　珍　熊兴耀　戴小枫

# 本书编写人员

（按照姓名笔画排序）

王万兴　熊兴耀　戴小枫

## 成 长 篇

1. 马铃薯是怎么来的? ……………………………………… 3

2. 马铃薯是怎样传播的? …………………………………… 4

3. 马铃薯在全球的消费情况如何? ………………………… 5

4. 马铃薯何时传入中国? …………………………………… 6

5. 马铃薯在中国的生态主产区如何分布? ………………… 7

6. 马铃薯的生长过程是怎样的? …………………………… 7

7. 马铃薯是怎样从田间到餐桌的? ………………………… 8

8. 马铃薯加工食品有哪些? ………………………………… 8

9. 马铃薯作为主食有哪些好处? …………………………… 9

10. 马铃薯有哪些营养价值? ………………………………… 11

11. 各地有哪些特色马铃薯食品? …………………………… 13

## 种 植 篇

1. 马铃薯生长需要什么样的土壤条件? …………………… 17

2. 马铃薯生长需要什么样的温度条件? …………………… 19

3. 马铃薯生长需要什么样的光照条件? …………………… 22

4. 马铃薯生长需要什么样的水分条件? ························· 23

5. 马铃薯生长需要什么样的营养条件? ························· 24

6. 如何选择马铃薯良种? ························· 25

7. 如何进行种薯播种前处理? ························· 27

8. 马铃薯播种时需要注意哪些问题? ························· 27

9. 马铃薯田间管理重点是什么? ························· 28

10. 马铃薯病虫害防治的要点是什么? ························· 30

11. 马铃薯生产如何做到适时收获? ························· 31

# 成 长 篇

# 1. 马铃薯是怎么来的?

地球上的马铃薯可是一个大家族。400年前马铃薯家族来到了中国,让我们来了解一下马铃薯家族在中国的历险吧。

前进!

马铃薯的出生地一直是个谜。不过,被公认的第一批马铃薯的诞生地有两个区域。马铃薯栽培种,出生在秘鲁和玻利维亚交界处的盆地中心地区,南美洲的秘鲁、玻利维亚沿安第斯山麓以及乌拉圭等地都是它们的家;马铃薯野生种,出生在中美洲和墨西哥。

我是野生马铃薯的祖先。

我是马铃薯栽培种。

中美洲和墨西哥

南美洲

## *2.* 马铃薯是怎样传播的?

马铃薯诞生后,被不同国家的人带到世界各地。有的被介绍给了农民,有的被介绍给了国王。从此,马铃薯家族在全球占据了一席之地。

1551 年有一个西班牙人将马铃薯块茎带到西班牙并介绍给国王,国王非常喜欢这个圆圆的小东西。后来引进到南部种植,再后来马铃薯被带到了欧洲和亚洲。

公元 1588—1593 年,勤劳的英格兰人把马铃薯种在了自己国家的土地上。从此,英伦三岛和北欧还有英属殖民地的一些国家也都种满了马铃薯。

## 3. 马铃薯在全球的消费情况如何?

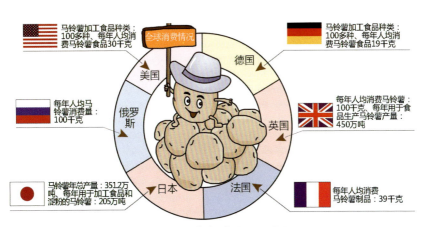

美国
马铃薯加工食品种类:100多种、每年人均消费马铃薯食品30千克

德国
马铃薯加工食品种类:100多种、每年人均消费马铃薯食品19千克

俄罗斯
每年人均马铃薯消费量:100千克

英国
每年人均消费马铃薯:100千克、每年用于食品生产马铃薯产量:450万吨

日本
马铃薯年总产量:3512万吨、每年用于加工食品和淀粉的马铃薯:205万吨

法国
每年人均消费马铃薯制品:39千克

全球消费情况

不同国家对马铃薯的加工消费方式有所区别:

中国:每年人均占有量 70~80 千克,主要用于主食消费、蔬菜消费和休闲消费。

美国:马铃薯食品多种多样,马铃薯加工食品种类 100 多种,人均消费马铃薯食品 30 千克。

俄罗斯：把马铃薯当粮食吃，每年人均消费马铃薯 100 千克。

日本：马铃薯加工食品是日本人民的最爱，马铃薯年总产量 351.2 万吨，每年用于加工食品和淀粉的马铃薯 205 万吨。

德国：吃马铃薯靠进口，每年进口马铃薯食品 200 多万吨，每年人均消费马铃薯食品 19 千克。

英国：除了马铃薯没有别的可吃了，每年人均消费马铃薯 100 千克，每年用于食品生产的马铃薯产量 450 万吨。

法国：爱吃炸薯条，每年人均消费马铃薯制品 39 千克。

## 4. 马铃薯何时传入中国？

马铃薯于明朝万历年间（1573—1620 年）传入中国，把家安在了北京和天津。到目前为止，全国各地均有种植。

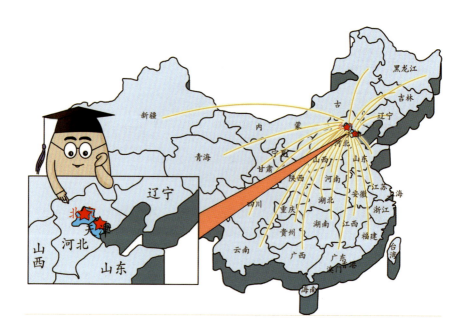

## 5. 马铃薯在中国的生态主产区如何分布？

根据不同生态类型将全国划分为 4 个马铃薯生态主产区：北方一季作区、中原二季作区、南方冬作区、西南混作区。

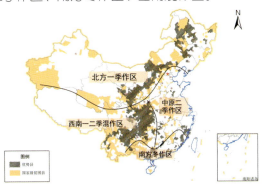

## 6. 马铃薯的生长过程是怎样的？

马铃薯块茎为食用器官，长在土壤里，不同的品种大小会有不同。它们是这样长大的：

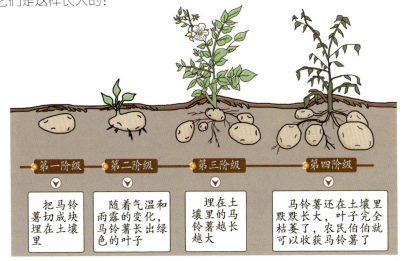

| 第一阶级 | 第二阶级 | 第三阶级 | 第四阶级 |
|---|---|---|---|
| 把马铃薯切成块埋在土壤里 | 随着气温和雨露的变化，马铃薯长出绿色的叶子 | 埋在土壤里的马铃薯越长越大 | 马铃薯还在土壤里默默长大，叶子完全枯萎了，农民伯伯就可以收获马铃薯了 |

## 7. 马铃薯是怎样从田间到餐桌的?

马铃薯从田间收获之后,要经过这样一个旅行过程,才能被端上我们的餐桌:成熟后第一时间被采摘;采摘后,在安逸的温度和湿度里存储;趁着新鲜,被分送到各个市场;在还新鲜,即没有发芽的时候食用。

## 8. 马铃薯加工食品有哪些?

随着我国马铃薯种植面积和产量的持续增长,马铃薯已经具备成为主食的必须条件,马铃薯食品将会逐步成为我国日常食物结构的主食之一。马铃薯加工食品包括马铃薯片、马铃薯条、马铃薯泥、馒头、面条、米粉、粉丝等。

我的作用可大了，能做出许多美味食物哦！

## *9.* 马铃薯作为主食有哪些好处？

马铃薯主食更美味。

马铃薯懂得谦让，不和小麦、水稻和玉米争地、争水。

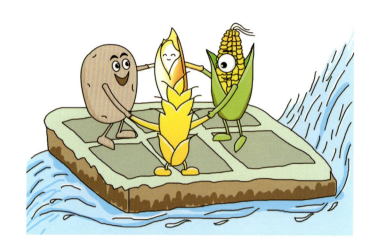

马铃薯主食更营养。

## 10. 马铃薯有哪些营养价值?

马铃薯中含有特殊营养，作为婴幼儿食品是再好不过的选择。

彩色马铃薯中的花青素是一种抗氧化剂，可以延缓衰老，所以马铃薯还是一种美体食品，能促进人的新陈代谢。

马铃薯还有一定的药用价值。从自身价值上来说，它可以内用补中益气、和胃健脾、消肿；外用敷疗骨折损伤、头痛，风湿。它还是癌症患者的康复食品，可以止吐、助消化，维护上皮细胞、防止上皮肿瘤的发生。并在预防癌症、心脏病、早衰、

中风和关节炎等方面发挥重要的作用。

# *11.* 各地有哪些特色马铃薯食品？

马铃薯在中国生活了 400 多年。各地饮食习惯的不同使各地拥有不同的马铃薯特色食品。

在经历了漫长的旅行后，马铃薯伯伯带着马铃薯家族准备长久地生活在中国。

他们希望给中国的人们带来健康和崭新的生活方式。

感谢马铃薯伯伯给我们带来这段丰富的旅行经历。

我们要更爱它，更了解它的生长过程才对。

# 种　植　篇

# *1.* 马铃薯生长需要什么样的土壤条件?

　　土壤是植物生长和发育的载体,不同植物需要不同的土壤条件。马铃薯的产品是块茎,它是在土壤里形成并膨大。马铃薯适宜种植在土壤肥沃、土层深厚、疏松、透气性好、微酸性的沙壤土或轻质壤土中。这类土壤不但保水、保肥性较好,为块茎生长提供了优异的生长条件,而且为农艺措施的实施,如中耕、培土、浇水、施肥等提供了便利条件。

　　黏重的土壤虽然保水、保肥能力强,但透气性较差。播种时如土壤

湿冷，影响出苗，幼芽易感病；出苗后，根系发育不良，影响植株生长和块茎膨大；收获时，土壤水分如不能及时排出，土壤缺氧，新生块茎皮孔增大，易感染细菌病害，影响块茎质量。遇到这样的情况，可通过掺沙方法进行土壤改良，也可通过高垄栽培等农艺措施进行改良，同时在生长期注意排水，在中耕、培土、除草时要注意墒情及时管理。沙性土壤结构性差，水分蒸发量大，保水、保肥力差。种植马铃薯时要增加有机肥的用量，改善沙土结构，注意保墒，也能获得高产，产出的块茎表皮光洁、薯形规整、商品性较好。

马铃薯是一种具有连作障碍的作物，连作易造成土壤结构变化、营养成分缺失、病原微生物变化，对马铃薯种植影响较大。因此，种植马铃薯应与非茄科作物进行3年以上的轮作换茬。

马铃薯是一种具有连作障碍的作物，连作易造成土壤结构变化、营养成分缺失、病原微生物变化，对马铃薯种植影响较大。因此，种植马铃薯应与非茄科作物进行3年以上的轮作换茬。

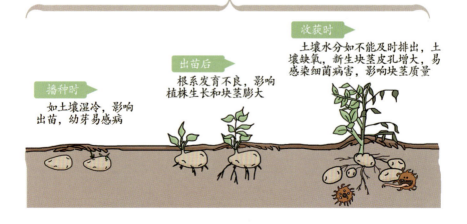

**收获时**
土壤水分如不能及时排出，土壤缺氧，新生块茎皮孔增大，易感染细菌病害，影响块茎质量

**出苗后**
根系发育不良，影响植株生长和块茎膨大

**播种时**
如土壤湿冷，影响出苗，幼芽易感病

## 2. 马铃薯生长需要什么样的温度条件？

　　马铃薯是喜冷凉作物，生长的主要限制因素是温度，块茎解除休眠以及马铃薯各个生长时期都要求有一定的温度条件。

　　马铃薯幼芽生长的水分、营养都由种薯提供，当块茎解除休眠后，温度达到 5 ℃时，芽眼开始萌动，幼芽生长最适宜温度为 13～18 ℃，用于催芽的温度应在 15～20 ℃。播种时，当 10 厘米地温稳定在 5～7 ℃时，幼芽在土壤中即可缓慢地萌发和伸长，达到 12 ℃以上时，即可顺利出苗。气温较低时，通过地膜覆盖的方式，可提高地温 2～3 ℃，有利于根系发育，提早出苗。马铃薯幼苗不耐低温，当气温达到 -1 ℃

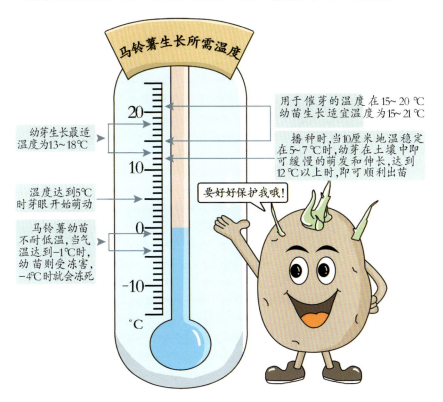

马铃薯生长所需温度

幼芽生长最适温度为13～18℃

温度达到5℃时芽眼开始萌动

马铃薯幼苗不耐低温，当气温达到-1℃时，幼苗则受冻害，-4℃时就会冻死

用于催芽的温度在15～20 ℃
幼苗生长适宜温度为15～21 ℃

播种时，当10厘米地温稳定在5～7 ℃时，幼芽在土壤中即可缓慢的萌发和伸长，达到12 ℃以上时，即可顺利出苗

要好好保护我哦！

时，幼苗则受冻害，－4℃时就会冻死，幼苗生长适宜温度为15～21℃。因此，选择播种时期要考虑早、晚霜的危害，做好防霜工作。

温度对块茎形成有很大影响，以土温16～18℃对块茎形成和增长最为有利。当土温超过25℃时，块茎生长几乎停止；当土温超过29℃时，茎叶生长严重受阻，光合强度降低，叶片皱缩甚至灼烧死亡，易造

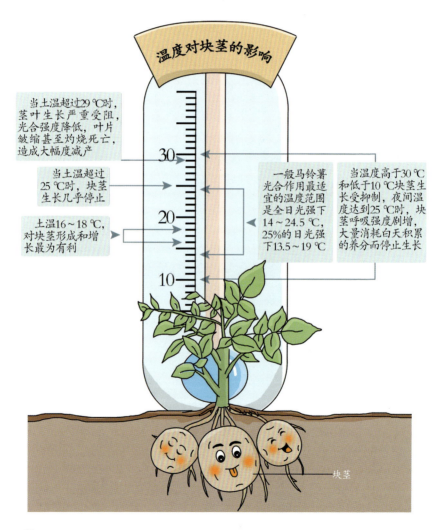

当土温超过29℃时，茎叶生长严重受阻，光合强度降低，叶片皱缩甚至灼烧死亡，造成大幅度减产

当土温超过25℃时，块茎生长几乎停止

土温16～18℃，对块茎形成和增长最为有利

一般马铃薯光合作用最适宜的温度范围是全日光强下14～24.5℃，25%的日光强下13.5～19℃

当温度高于30℃和低于10℃块茎生长受抑制，夜间温度达到25℃时，块茎呼吸强度剧增，大量消耗白天积累的养分而停止生长

**温度对块茎的影响**

块茎

成大幅度减产。一般马铃薯光合作用最适宜的温度范围是：在全日光强下 14～24.5℃，在 25% 的日光强下为 13.5～19℃。在干物质积累期，较大的昼夜温差有利于白天植物进行的光合作用产物向块茎中运输和积累。研究表明，夜间较低的温度比土温对块茎的形成更为重要。当温度高于 30℃ 和低于 10℃ 时块茎生长受抑制；夜间温度达到 25℃ 时，块茎呼吸强度剧增，大量消耗白天积累的养分而停止生长。如遇该情况，可以通过适时、适量浇水，降低土温，满足块茎生长对温度和湿度的要求，达到增产的目的。

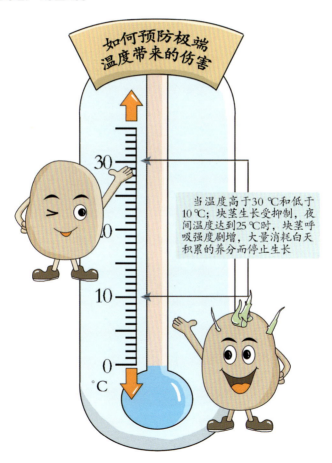

如何预防极端温度带来的伤害

当温度高于30℃和低于10℃；块茎生长受抑制，夜间温度达到25℃时，块茎呼吸强度剧增，大量消耗白天积累的养分而停止生长

## 3. 马铃薯生长需要什么样的光照条件?

"万物生长靠太阳",马铃薯也不例外。马铃薯是喜光作物,植株的生长、形态结构的建成、产量的形成都与光照强度和日照长短密不可分。光对块茎的芽伸长有抑制作用,度过了休眠期的块茎放在散射光下催芽,可催成短壮芽。黑暗条件下,块茎发出细嫩的芽,极易折断,为减少播种时损伤,应将块茎放在散射光下先炼芽再播种。

马铃薯在幼苗期需要有较强的光照、较短的日照和适宜的温度,这样的条件有利于发根、壮苗;块茎形成期在强光照、16 小时以上的长

日照条件和适当的高温下，植株生长快、健壮，茎秆粗壮、枝叶茂盛，能为块茎膨大和产量积累打下良好基础。块茎形成期在强光照、短日照、昼夜温差大的条件下，有利于块茎的膨大和干物质的积累，提高马铃薯产量。高纬度、高海拔地区的马铃薯生长条件，非常符合马铃薯各阶段所需要的理想的光照强度和日照长度，因此马铃薯块茎较大、干物质含量较高、产量高。我们也可以采取不同的农艺措施，使阳光更好地发挥其作用。比如，可以根据不同品种植株高矮、分枝多少、叶片大小和熟性等性状，调整种植的垄距和株距，使它们密度合理，最大限度地发挥光合作用，有利于有机物的制造。

## 4. 马铃薯生长需要什么样的水分条件?

　　水是马铃薯进行光合作用、呼吸作用和其他植物生理功能的介质，是马铃薯生长必不可少的物质，各种营养元素必须溶解于水中，成离子状体才能被根系吸收利用。马铃薯光合作用制造的有机物必须依靠水作载体才能运输到块茎中进行贮藏。

马铃薯的块茎是变态茎，具有较强的抗旱性。马铃薯植株中约有90%的水分，块茎中约有75%的水分，当产量为2 000千克/亩*时，一般需要160米³的水，但需水量的多少与品种、生长环境条件都有密切的关系。耐旱品种根系活力强，具有较好的保水能力，水分利用效率较高，耗水量相对较少。一般来说，块茎形成期需水量占总需水量的30%，块茎膨大期占50%以上，是需水最敏感的时期，所以有"花期缺水瞎地蛋"的农谚。我国大部分地区是靠自然降水来决定墒情的，要满足马铃薯对水的要求，必须根据当地的降水情况采取一些有效的农艺措施才能保证马铃薯的高产，如马铃薯种植应选择旱能浇、涝能排的地块；雨水较多的地方采用高垄种植等。

# 5. 马铃薯生长需要什么样的营养条件？

"庄家一枝花，全靠肥当家"，肥料是植物的粮食。许多矿物质参与并促进马铃薯光合产物的合成、转运、分配等生理生化过程，提高光合生产率，对产量形成起着重要作用。马铃薯是高产作物，需肥量较大，如果肥料不足会造成植株弱小、结薯个小数少、产量低下的不良后果。

---

\* 亩为非法定计量单位，1亩≈667米²。——编著注

　　马铃薯所需肥料中的营养元素种类，与其他作物基本一致，大量元素有氮、磷、钾，这三种养分是促进根系发育、茎叶和块茎生长的主要元素。马铃薯是需钾肥最多的作物，其次是氮肥，磷肥较少。研究表明，一般每生产 1 000 千克马铃薯块茎需氮素 5 千克、磷（$P_2O_5$）2 千克、钾（$K_2O$）11 千克，对这三类肥料的吸收比例为 1：0.5：2。另外，马铃薯生长还需要中量元素：钙、镁、硫；微量元素：铁、锰、铜、锌、硼、钼、氯等；还要从空气中、水中吸收碳、氢、氧等元素，总共需要 16 种营养元素。

# 6. 如何选择马铃薯良种？

　　马铃薯良种的选择应遵循两个原则：一是根据市场需求和用途确定品种，二是根据当地生态条件选择适宜品种。马铃薯品种按照用途可分为鲜食、出口和加工三种。鲜食和出口的品种，要求块茎呈圆形或椭圆形，大而整齐，表皮光滑，芽眼浅，食用品质好，耐贮藏和运输，抗病，高产。加工品种又可分为食品加工品种和淀粉加工品种。食品加工品种主要为馒头、面条等主食化食品，油炸薯片，速冻薯条等休闲食品提供原材料。这类品种要求干物质含量高，还原糖含量低，芽眼浅的中熟或中晚熟高产品种。不同食品对薯形要求较为严格，薯片应选用圆形品种，薯条应选用椭圆形品种。淀粉加工品种，要求淀粉含量高，多为中小型块茎、芽眼浅、抗病、高产的中晚熟或晚熟品种。

马铃薯栽培区划分为北方一季作区、中原二季作区、南方冬作区和西南混作区。熟性方面，早熟和中早熟品种一般适于中原二季作区、南方冬作区、西南混作区的低海拔地区，以及北方一季作区城市近郊的早熟栽培。中熟品种可在南方冬作区和西南混作区的生长季节较长的地区种植。中晚熟和晚熟品种主要在北方一季作区种植，可充分利用当地有效的生长季节，积累产量。

选择马铃薯良种的另一层意思是选择优质脱毒种薯。专用型品种确定后，还要用该品种的优质脱毒种薯，才能充分发挥品种特性，达到高产优质的目的。

# 7. 如何进行种薯播种前处理？

马铃薯种薯提倡利用 25～50 克健康小块茎整薯直接播种。鉴于我国大部分主产区的种薯偏大，通过切块方法，可充分利用每个芽眼，达到节约种薯、降低成本的目的，同时有利于打破休眠，促进芽眼的萌发和出芽。种薯切块时，要求薯块尽量带有顶芽，充分发挥顶端优势。切块最好保持在 35～40 克，当土壤条件较差或易发生冻害时，切块应以 50 克左右为宜。切薯块时一定做好切刀消毒，减少病害的传播，一般用 75% 的酒精或者 0.5%～1% 的高锰酸钾进行消毒。切好种薯还需创造条件促使切块刀口愈合，一般在 15～20 ℃相对湿度 80%～85% 的条件下，3～4 天刀口即可木栓化。种薯切块后可用药剂拌种，防止块茎腐烂，一般处理 1 吨种薯可用浓度为 70% 的甲基托布津可湿性粉剂 80 克、农用链霉素 25 克，加入 2 千克滑石粉中进行药剂拌种。

# 8. 马铃薯播种时需要注意哪些问题？

马铃薯生长需要 15～20 厘米的疏松土层，因此种植马铃薯的地块最好选择地势平坦、有灌溉条件且排水良好、耕层深厚的土壤。前作收货后或整地前，要进行深耕细耙，将大的土块破碎，如施用有机肥，可在整地时施入并混合均匀。

播种期主要根据当地早晚霜的时间和地温酌情选择。播种深度受土壤质地、土壤温度、种薯大小和生理年龄等因素影响。当土壤温度较高、含水量较小时，应深播，盖土厚度 10 厘米左右。种薯较大时，应适当深播；播种微型薯等小种薯时，应适当浅播。生理年龄较大的种薯应在土壤温度较高时播种，并适当浅播。土壤较黏重时，播种深度应该浅一些；沙壤土应适当深播。

　　播种密度一般取决于品种、用途、施肥水平等因素。作为脱毒种薯生产，密度应比商品薯大。用于薯片和淀粉加工时，播种密度应大于薯条加工品种。一般来说，种薯生产播种密度应当在 5 000 株/亩以上，早熟品种密度为 4 000～5 000 株/亩，晚熟品种密度为 3 000～3 500 株/亩；薯片品种 4 500 株/亩左右，薯条品种 3 000 株/亩左右；淀粉加工品种 3 500～4 000 株/亩左右。同样的品种，如水肥条件较好可适当增加密度。

## 9. 马铃薯田间管理重点是什么？

　　田间管理的主要任务就是根据马铃薯不同生长阶段对外界条件的需求，创造良好的环境条件，发挥品种的最大增产潜力，获得较高的产量。马铃薯的田间管理以中耕培土为重点，还需根据马铃薯不同的生长阶段有所侧重。当苗高达到 10 厘米时进行第一次中耕培土，以除草、疏松土壤为主，并向根际适量培土。如覆膜栽培，在出苗前进行覆土，可省去人工破膜，苗可自己拱出地膜。第二次中耕覆土应在封垄前，培成大垄，从母块到垄顶达到 15～20 厘米，为块茎形成和膨大打下良好基础。

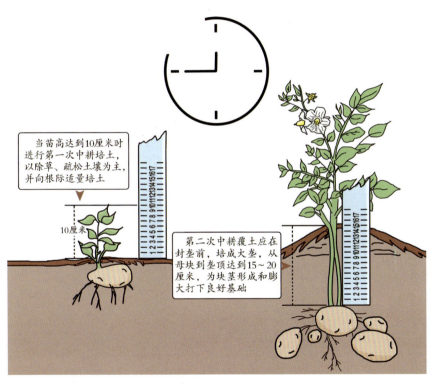

当苗高达到10厘米时进行第一次中耕培土，以除草、疏松土壤为主，并向根际适量培土

10厘米

第二次中耕覆土应在封垄前，培成大垄，从母块到垄顶达到 15～20 厘米，为块茎形成和膨大打下良好基础

常用的灌水类型包括：沟灌、畦灌、喷灌和滴灌。马铃薯在灌水时，除根据需水规律和生育特点外，还应对土壤类型、降雨量和雨量分配时期，预期产量水平等进行综合考虑，从而正确选择灌水时期、方法和数

量。马铃薯施肥量的确定主要根据土壤基础肥力和目标产量进行估计，通过测土配方施肥技术，能够合理利用土壤肥力，达到肥料利用的最大化。一般农户施肥量都是根据经验判断，容易形成马铃薯某种元素缺失、其他元素浪费的现象。常用的施肥方式一般包括：沟施、叶面施肥两种。无论作基肥还是追肥，沟施都是一种提高肥料利用率的有效办法，而且能够实现农机农艺结合。机械播种时，可将肥料自动施到播种沟里。施肥过程中一定避免肥料与种薯接触，防治烧苗。叶面施肥也是生产上常用的一种

施肥方法，这种施肥方法针对性强，养分吸收运输较快。可避免土壤对某些养分的固定作用，提高养分利用率，适用于微肥的施用，增产效果显著。

# 10. 马铃薯病虫害防治的要点是什么？

马铃薯病害多达百余种，一般因病可减产 10%～30%，严重减产 70% 以上。国内常见的病害有 15 种，其中晚疫病、环腐病和病毒病合称"三大病害"。马铃薯害虫有 70 余种，为害较重的有 10 余种。马铃薯块茎蛾为害茎叶和块茎，易造成贮藏中严重腐烂，曾被列为重点检疫对象；马铃薯瓢虫、茄二十八星瓢虫、蚜虫、地下害虫（蛴螬、蝼蛄、金针虫、地老虎）等分布广、为害重；蚜虫还传播多种马铃薯病毒病，都是重点防治对象；马铃薯甲虫是暴食性害虫，常把叶子吃光，通常造成减产 30%～50%，大发生时减产 90% 以上。

北方一季作区晚疫病易流行，卷叶和花叶病毒病、环腐病、黑

胫病、黑痣病、马铃薯瓢虫和地下害虫等发生较重；中原二季作区主要病虫害有病毒病、青枯病、疮痂病、早疫病、蚜虫、马铃薯瓢虫、地下害虫等，其中秋季是病害发生和防治的重点时期；南方冬作区主要病害有青枯病、病毒病、晚疫病；西南混作区气候复杂多样，病虫害较多，其中以晚疫病、病毒病、青枯病和茄二十八星瓢虫为害最重。晚疫病每隔数年有一次大流行，损失较大，局地还有癌肿病和粉痂病发生。

北方一季作区晚疫病易流行，卷叶和花叶病毒病、环腐病、黑胫病、黑痣病、马铃薯瓢虫和地下害虫等发生较重

★北方一季作区

★中原二季作区

★西南混作区

★南方冬作区

中原二季作区主要病虫害有病毒病、青枯病、疮痂病、早疫病、蚜虫、马铃薯瓢虫、地下害虫等，其中秋季是病害发生和防治的重点时期

西南一二季混作区气候复杂多样，病虫害较多，其中以晚疫病、病毒病、青枯病和茄二十八星瓢虫为害最重

南方冬作区主要病害有青枯病、病毒病、晚疫病

## *11.* 马铃薯生产如何做到适时收获？

马铃薯的块茎膨大到一定程度即有食用价值，不一定要求达到生理成熟期。因此，马铃薯的收获期应根据品种熟性、块茎膨大情况、市场需求与产值、天气状况和用途等多种因素综合考虑确定。一般早熟品种出苗后 60～70 天即可收获，中熟品种 80～90 天收获，晚熟品种 100～110 天收获。当马铃薯市场处于淡季，早收的产值大于晚收增加的产量时，就可适当早收，否则可让其继续生长。一般来说，马铃薯每天每亩可增加产量 40~55 千克。主食化加工、薯片、薯条加工品种只有达到生理成熟收获期，才有高的干物质含量和低还原糖含量，才符合加工要求。若晚熟品种成熟于晚霜后，为防止冻害，则需要及时收获。一般收获前 10 天停止浇水，种薯应提前 10~15 天杀秧，以减少病毒进入薯块。

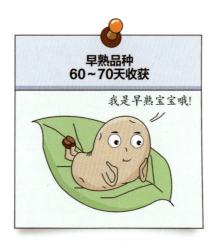

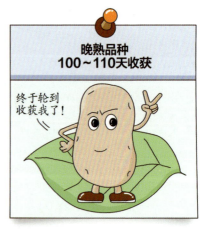

若晚熟品种成熟于晚霜后，为防止冻害，则需要及时收获。一般收获前10天停止浇水，种薯应提前10～15天杀秧，以减少病毒进入薯块